Younoussa Moussa Petel

Gestão de microprojectos IGA baseados nos recursos naturais

Younoussa Moussa Petel

Gestão de microprojectos IGA baseados nos recursos naturais

na região ocidental de Mayo-Kebbi, no Chade

ScienciaScripts

Imprint
Any brand names and product names mentioned in this book are subject to trademark, brand or patent protection and are trademarks or registered trademarks of their respective holders. The use of brand names, product names, common names, trade names, product descriptions etc. even without a particular marking in this work is in no way to be construed to mean that such names may be regarded as unrestricted in respect of trademark and brand protection legislation and could thus be used by anyone.

Cover image: www.ingimage.com

This book is a translation from the original published under ISBN 978-620-6-71127-8.

Publisher:
Sciencia Scripts
is a trademark of
Dodo Books Indian Ocean Ltd. and OmniScriptum S.R.L publishing group

120 High Road, East Finchley, London, N2 9ED, United Kingdom
Str. Armeneasca 28/1, office 1, Chisinau MD-2012, Republic of Moldova, Europe
Printed at: see last page
ISBN: 978-620-7-65667-7

TÍTULO :

GESTÃO DE MICROPROJECTOS AGRÍCOLAS BASEADOS NOS RECURSOS NATURAIS

EM MAYO-KEBBI OCIDENTAL, CHADE

DEDICAÇÃO

*Para a minha mãe **HALIMA ADAMOU***

AGRADECIMENTOS

Gostaríamos de expressar os nossos sinceros agradecimentos a todos aqueles que contribuíram de alguma forma para a realização deste trabalho. Em particular, gostaríamos de agradecer a :

- Ao ***Dr. FADIL MALLAYE****, por ter aceitado orientar este trabalho, partilhando connosco a sua vasta experiência, apesar da sua agenda preenchida;*

- Ao Sr. ***YASSINE ASSAFO Ahmad****, Coordenador Nacional do Projeto RECONNECT, especialmente pela atenção que nos dispensou durante a preparação deste trabalho;*

- Aos Srs. ***GABGALYAN Gaston e DIMANCHE OUIN Hervé****, respetivamente responsáveis pela Governação Local e pelo Acompanhamento e Avaliação no projeto RECONNECT, pelas informações e conselhos que forneceram;*

- À Sra. ***BLAH DEBOGUE****, Secretária, pelo seu profissionalismo e colaboração.*

- À Sra. ***YAFTANE KOUMAI Juliette****, chefe do grupo "Mulheres Empresárias", pela sua colaboração e pelos dados fornecidos;*

- Aos nossos amigos ***Dr. MAHAMAT ABDERAHIM TOKO, Dr. SEIDOU MALLOUM, Dr. PASSINGRI KEUDEU, Dr. ALI ABDEL RAHMANE HAGGAR, M. HAROUN MAMOUD IDRISS,*** *pelo apoio sócio-profissional;*

- A todos os promotores de microprojectos na Província Ocidental de Mayo-Kebbi, pela sua disponibilidade para serem entrevistados e pela qualidade da informação fornecida;

- Aos nossos pais, cônjuges e amigos pelo seu especial interesse na elaboração deste documento;

-Gostaríamos de reiterar os nossos sinceros agradecimentos a todos vós.

RESUMO

O grupo de "mulheres empreendedoras" de Mayo-Kebbi West criou uma atividade geradora de rendimentos (IGA), transformando nozes de carité em manteiga, e obteve financiamento do Fundo Mundial para o Ambiente (GEF) através do projeto RECONNECT.

A gestão deste microprojecto revela que as capacidades técnicas dos membros do grupo são reforçadas pela formação contínua de 50 pessoas; a atividade gera rendimentos para os membros do grupo; a conta de exploração do grupo é positiva; o grupo paga 11 mulheres e 3 jovens e as despesas de escolaridade de 15 crianças são suportadas pelo grupo.

No entanto, existem vários problemas de gestão e de organização. Faltam documentos que sintetizem as actividades, é necessário manter uma contabilidade financeira, a amortização dos bens duradouros deve ser tida em conta no cálculo dos lucros, o trabalho familiar deve ser valorizado em termos monetários e devem ser estabelecidos procedimentos de partilha dos lucros. Além da contribuição para cobrir eventuais perdas de exploração, o controlo de gestão e a elaboração de relatórios de atividade.

O estudo confirma a rentabilidade da AIG, mas a capacidade de gestão é limitada para garantir a sustentabilidade dos resultados no final do projeto. As estratégias propostas para a sua melhoria têm em conta uma política global de consulta e de apropriação que envolve os agricultores em todas as fases do ciclo do projeto, desde a conceção até à liquidação.

Palavras-chave : gestão; microprojecto; IGA; carité; Chade.

INTRODUÇÃO GERAL

1. Antecedentes e questões

A população do Chade está estimada em 17 milhões de habitantes (RGPH 2009[1]). Cerca de 64% desta população vive abaixo do limiar de pobreza, principalmente nas zonas rurais. O PIB per capita está estimado em 728,34 USD, com um Índice de Desenvolvimento Humano (IDH) de 0,401. Estes valores colocam o Chade entre os países mais pobres do mundo, ocupando o 187.º lugar entre 189 países (PNUD, 2019).

O desenvolvimento dos recursos naturais não renováveis do Chade, nomeadamente das suas jazidas de petróleo, constituiu um marco na história do país. Foi uma época rica em promessas de crescimento económico, desenvolvimento e melhoria das condições de vida do povo do Chade. Mas a realidade é mista após alguns anos de exploração.

O Chade possui igualmente um enorme potencial em termos de recursos naturais renováveis. No entanto, a desflorestação abusiva, os incêndios florestais, as práticas agrícolas inadequadas, o sobrepastoreio, o assoreamento e a caça furtiva dificultaram o acesso a estes recursos, dando origem a concorrência e a conflitos entre os diferentes utilizadores.

Apesar da existência de uma vasta rede hidrográfica, incluindo 12 720 km2 de lagos, rios permanentes (Chari e Logone), rios semi-permanentes (Batha, Bahr Azoun, Salamat e Mayo-Kebbi) e numerosos rios temporários, apenas 18 000 ha de um potencial de mais de 5 milhões de hectares foram desenvolvidos.

O estado avançado de degradação dos recursos naturais e a subexploração de certos potenciais de desenvolvimento económico, como os importantes recursos hídricos que oferecem uma superfície irrigável potencial de cerca de 5,6 milhões de hectares, dos quais apenas 7.000 ha são irrigados, são particularmente preocupantes na zona sudanesa (PND, 2020).

Mayo-Kebbi West é uma província do Chade cuja população é predominantemente rural e dependente da agricultura e da criação de gado.

No entanto, o ambiente natural de que dependem estes dois (2) sectores está a ser negativamente afetado pelas alterações climáticas, em parte devido às actividades humanas, incluindo a sobre-exploração. A diversificação das actividades geradoras de rendimento (AGR) para as comunidades rurais através de microprojectos baseados nos recursos naturais, em particular nos produtos florestais não lenhosos (PFNM), incluindo a castanha de carité, que é o foco do nosso estudo, pode ser uma das políticas ambientais do Estado e dos seus parceiros para mitigar o flagelo da degradação do ambiente natural.

Neste sentido, o apoio a microprojectos económicos do tipo IGA por parte de programas, projectos e ONG visa não só aumentar o nível de rendimento da população rural com vista a combater a pobreza, mas também incentivar os utilizadores dos recursos naturais beneficiários deste apoio a substituir as más práticas por actividades mais respeitadoras do ambiente.
"Isto permitirá que a população contribua para a proteção e a gestão sustentável dos recursos naturais. Isto permitirá que a população contribua para a proteção e a gestão sustentável dos recursos naturais.

É, sem dúvida, a mesma filosofia que levou o projeto RECONNECT em Mayo-Kebbi West a prestar apoio técnico e financeiro a cerca de 370 microprojectos/AGRs baseados em recursos naturais iniciados por organizações de base, incluindo o microprojecto "transformação de nozes de carité em manteiga" pelo grupo de "mulheres empreendedoras", que é o objeto da nossa investigação.

Convém igualmente sublinhar que o desenvolvimento sustentável das actividades geradoras de rendimento (AGR) depende da sua boa gestão e do seu impacto na sociedade.

No entanto, a nossa análise da literatura mostra que programas e projectos, em particular GTZ, PGRN, PRODALKA, GIZ HYDRAULIQUE, PAGL, PAFAM, etc., apoiaram recentemente microprojectos comunitários em Mayo-Kebbi West com praticamente os mesmos objectivos.

Mas hoje, temos de admitir que, após a saída destas organizações, muito poucos beneficiários continuam a gerir os seus bens e a melhorar as suas condições de vida.

Perante esta situação, temos de nos colocar a seguinte questão: Como é desenvolvido e gerido o microprojecto do grupo de "mulheres empresárias" e qual é o seu impacto na melhoria das condições de vida dos seus beneficiários?

2. Objectivos e hipóteses

De um modo geral, o objetivo deste estudo é contribuir para melhorar os conhecimentos e os factos sobre a gestão dos microprojectos do tipo IGA em West Mayo-Kebbi, a fim de propor estratégias susceptíveis de melhorar o seu desempenho.

Especificamente, trata-se de :

- Compreender o desenvolvimento e a gestão do microprojecto de transformação da castanha de carité em manteiga pelo grupo de "mulheres empreendedoras" em Pala, Mayo-Kebbi West;
- Analisar o preço da manteiga através dos canais de comercialização e a sazonalidade da oferta;
- Verificar a rentabilidade do microprojecto através da conta de exploração;
- Verificar o impacto do microprojecto na melhoria das condições de vida dos beneficiários;
- Propor estratégias para melhorar o desempenho do microprojecto.

Foram avançadas três (3) hipóteses de trabalho:

- Os promotores têm a capacidade técnica para desenvolver e gerir microprojectos;
- Os canais de comercialização e a sazonalidade da oferta têm um impacto nos preços ao consumidor;
- O microprojecto é rentável e tem um impacto na melhoria das condições de vida dos beneficiários.

3. Metodologia

Para levar a cabo esta investigação, adoptámos uma abordagem metodológica composta por três (3) fases principais: (i) revisão da literatura; (ii) recolha de dados empíricos; e (iii) análise dos dados.
(iii) transcrição, interpretação e análise dos dados:

• Em primeiro lugar, para a análise documental, efectuámos pesquisas em N'Djamena, nos seguintes organismos e departamentos ministeriais: Bibliothèque du Centre d'Étude et de Formation pour le Développement (CEFOD); Ministère de l'Environnement, de la Fisheries and Sustainable Development; Ministry of Economy and Development Planning; Ministry of Agricultural Development; Ministry of Industry and Trade; Food and Agriculture Organization of the United Nations (FAO); United Nations Development Programme (UNDP). Em seguida, em Pala, os seguintes serviços públicos e privados: Biblioteca do Centro Cultural Nicodème (CCN); Delegação Provincial do Ambiente; Câmara de Comércio e Artesanato; Município de Pala; Projeto RECONNECT; GIZ BSB-YAMOUSSA; GIZ PRCPT; WCS; PRO-FORT; CECADEC; Association de Groupe d'Expertise Nationale en Economie Rurale (GENER); Cellule de Liaison des Associations Féminines (CELIAF) e Association des Femmes pour l'Autopromotion (AFAP).

Esta fase permitiu-nos analisar diversas fontes de informação, incluindo livros, artigos, revistas, trabalhos científicos, relatórios, arquivos, teses e dissertações que abordam questões relacionadas com o nosso tema.

• Em segundo lugar, foram recolhidos dados empíricos através de inquéritos realizados em três grupos de mulheres envolvidas na transformação de produtos florestais não lenhosos e de produtos agrícolas, nomeadamente o grupo "mulheres empresárias", o grupo "OPLO" e o grupo "PEE-MBANG". E no mercado semanal de Pala, com 6 mulheres produtoras, 11 comerciantes e 13 consumidoras. Foram depois realizadas entrevistas com os líderes dos grupos acima mencionados, com o pessoal do projeto RECONNECT e com alguns delegados provinciais.

• Por fim, estes dados foram transcritos, interpretados e analisados com recurso a microprojectos, estatísticas descritivas, canais de comercialização e conta de ganhos e perdas da exploração.

4. Plano

O trabalho no seu conjunto está estruturado em duas (2) partes compostas por quatro (4) capítulos: O capítulo 1 apresenta o quadro teórico dos microprojectos; o capítulo 2 apresenta o domínio de investigação; o capítulo 3 trata do microprojecto/AGR de transformação da castanha de carité em manteiga pelo grupo das "mulheres empreendedoras" e, por último, o capítulo 4 aborda os circuitos de comercialização, a sazonalidade da oferta, a conta de exploração e as estratégias possíveis para melhorar o desempenho dos AGR.

PRIMEIRA PARTE
ENQUADRAMENTO TEÓRICO DA GESTÃO DE MICROPROJECTOS E APRESENTAÇÃO DA ÁREA DE INVESTIGAÇÃO

INTRODUÇÃO À PRIMEIRA PARTE

A gestão de projectos é a aplicação de conhecimentos, competências, ferramentas e técnicas nas actividades do projeto para atingir as expectativas das partes envolvidas no projeto.
Um projeto é um esforço pontual e coordenado para atingir um único objetivo, incluindo um certo grau de incerteza quanto à sua realização (Petit Larousse).
O projeto[2] é o conjunto de acções a realizar para responder a uma necessidade definida dentro de um prazo estabelecido (um início e um fim). O projeto mobiliza recursos identificados (humanos e materiais) durante a sua execução, o que também tem um custo e é, portanto, orçamentado.
O microprojecto, tal como o projeto descrito por Rosanvallon[3] , pode ser entendido como "uma ação colectiva, propositada, intencional e orientada para determinados fins"; "uma ação de ajuda externa"; "uma ação que terá impacto na economia"; "uma ação individual para criar actividades geradoras de rendimentos".
A escala "micro" refere-se à dimensão do projeto: o seu alcance (a uma escala muito localizada), o seu impacto (para um número limitado de beneficiários) e o seu orçamento (custo limitado).
A abordagem do microprojecto refere-se à abordagem, ao método de intervenção e à filosofia do microprojecto.
Esta primeira parte aborda o quadro teórico da gestão de microprojectos (capítulo 1) e apresenta o domínio de investigação (capítulo 2).

CAPÍTULO I
QUADRO TEÓRICO PARA A GESTÃO DE MICROPROJECTOS

Nas últimas décadas, a abordagem dos microprojectos tem sido uma das principais linhas de força de muitos projectos e programas de desenvolvimento. Foram efectuados investimentos humanos e financeiros consideráveis, mas é preciso dizer que os resultados nem sempre corresponderam às expectativas. A resposta às necessidades básicas das comunidades, como a alimentação, a saúde e a educação, foi por vezes insatisfatória ou parcial. Os projectos custaram muitas vezes mais caro e duraram mais tempo do que o previsto, e os seus efeitos - negativos em alguns casos - nem sempre foram previstos. Esta situação pode ser explicada, em parte, pelo facto de as actividades executadas não estarem adaptadas ao contexto socioeconómico e pela falta de acompanhamento dos projectos.

SECÇÃO I: ORIGEM E CONCEITOS DOS MICROPROJECTOS SECÇÃO I: ORIGEM DOS MICROPROJECTOS

O microprojecto teve origem nas microfinanças com o Professor Muhammad YUNUS nos anos setenta. A razão é que os bancos financiam geralmente projectos de grande envergadura que não só lhes dão garantias como também geram taxas de juro elevadas. Consequentemente, os microprojectos que não reúnem estas condições (garantia, seguro, quadro institucional, etc.) são excluídos do sistema bancário.

Esta observação pertinente levou Muhammad YUNUS a iniciar o microcrédito, através do Grameen Bank ou "Banco dos Pobres", no Bangladesh, e abriu caminho a muitas outras experiências em todo o mundo.

Estão a ser criadas instituições para fornecer aos pobres os meios para criarem os seus meios de subsistência e os instrumentos para gerirem o risco associado, por outras palavras, os serviços financeiros normais que são oferecidos às categorias mais ricas4. O sucesso do Grameen Bank, que tem como clientes mais de 7 milhões de pessoas pobres do Bangladesh, tem-se repercutido em todo o mundo.

Na prática, tem-se revelado difícil reproduzir esta experiência. Nos países onde a densidade populacional é menor, é muito mais difícil criar as condições que tornem rentável a criação de serviços e lojas locais. No entanto, o Grameen Bank demonstrou que não só as pessoas pobres reembolsam os seus empréstimos, como também são capazes de pagar taxas de juro elevadas, permitindo à instituição cobrir os seus próprios custos[4] .

Talvez seja por isso que Muhammad YUNUS disse: "Não tinha qualquer intenção de criar um banco, mas interrogava-me sobre a forma como os pobres poderiam melhorar as suas condições de vida. Em 1974, tivemos uma crise de fome; fiquei revoltado com a inutilidade dos conhecimentos económicos que ensinava. Conheci uma pessoa que queria pedir dinheiro emprestado para desenvolver a sua atividade, mas nenhum banco aceitava. Resolvi o problema emprestando do meu próprio bolso, mas isso era apenas uma solução pessoal. Estava à procura de uma solução institucional. Ofereci-me como fiador, obtive dinheiro do banco e dei-o às pessoas. Ao mesmo tempo, criei algumas regras de funcionamento.

Funcionou e aumentei os meus empréstimos junto do banco. O reembolso foi de 100%, mas o banco não ficou convencido com a demonstração: o que está a fazer é demasiado pequeno. Não prova nada. Então fi-lo em sete aldeias, mas o banco não acreditou. Depois fiz estes empréstimos num distrito inteiro que os banqueiros tinham identificado para mim. Eles continuavam a não estar convencidos. Então decidi criar o meu próprio banco... .[5]

Note-se que Muhammad YUNUS foi galardoado com o Prémio Nobel da Paz em 13 de outubro de 2006 por esta ação, que o seu país rapidamente reclamou em 2011[6] .

PARÁGRAFO II: DEFINIÇÕES DOS CONCEITOS E DA ABORDAGEM DOS MICROPROJECTOS

A- Definições dos conceitos de microprojecto7 1- Microprojecto

Um microprojecto pode ser definido como uma ação de desenvolvimento iniciada localmente em resposta às necessidades expressas pelos beneficiários, que são responsáveis pelo seu próprio desenvolvimento.
O microprojecto tem uma duração limitada e mobiliza recursos específicos para atingir objectivos definidos.

O termo "microprojecto" é utilizado pelos doadores para designar as suas acções no terreno, por oposição aos programas macroeconómicos, que são programas de ajuda direta aos governos ou às principais instituições dos países beneficiários.

2- Microprojecto AGR

Um microprojecto de atividade geradora de rendimentos (AGR) é uma atividade económica que envolve a produção e/ou comercialização de um bem ou serviço que gera rendimentos regulares para indivíduos ou um grupo de indivíduos (cooperativa agrícola, mulheres artesãs, etc.), mas também para uma estrutura social (escola, centro de saúde, biblioteca, etc.).
Tem geralmente por objetivo melhorar as condições de vida. A sua execução exige recursos humanos, financeiros e materiais organizados.

B- Abordagem por microprojectos8

A abordagem dos microprojectos refere-se à abordagem, ao modo de intervenção e à filosofia do microprojecto. Difere das abordagens macro ou programáticas e refere-se à dimensão do projeto. A abordagem do microprojecto tem uma escala muito localizada, o seu impacto afecta um número limitado de beneficiários e o seu custo é limitado. Geralmente, é implementado como parte de um programa de desenvolvimento estratégico de grande escala.

1- Características específicas da abordagem por microprojectos

A abordagem dos microprojectos dá prioridade a características específicas como a participação das partes interessadas, o financiamento adequado e resultados rápidos e sustentáveis.

- **Envolvimento das partes interessadas-beneficiários**

A participação difere de um microprojecto para outro, mas podem distinguir-se quatro (4) modelos: o modelo natural, induzido, reprodutivo ou chave-na-mão.

- **Modelo natural**

Neste modelo, os problemas são identificados por uma comunidade de base. A comunidade confia então a uma organização a criação do micro-projeto. Por outras palavras, a organização desempenha um papel de apoio para iniciar a ação. Não pode ser a beneficiária.

- **Modelo induzido**

O modelo induzido caracteriza-se pelo facto de ser a organização a identificar os beneficiários e os problemas a resolver numa localidade.

É também a entidade que cria o microprojecto. O processo de desenvolvimento pode depender dos objectivos desta entidade e não dos beneficiários.

- **Modelo reprodutivo**

O modelo é reproduzido quando um indivíduo ou um grupo de indivíduos toma conhecimento de um microprojecto realizado noutra localidade. Os iniciadores pedem ajuda a uma organização para o reproduzir. A pertinência do pedido é avaliada pela organização com base no contexto de referência.

- **Modelo chave na mão**

O modelo consiste em oferecer soluções "chave na mão" aos actores locais, que avaliarão em seguida se estas satisfazem ou não as suas necessidades. Baseia-se num financiamento adequado para obter resultados sustentáveis.

2- Tipologia setorial e características dos microprojectos

- **Tipologia setorial dos microprojectos**

Os microprojectos podem situar-se em diferentes sectores de atividade:

- Transformação de produtos agro-florestais ;
- Pecuária, horticultura ;
- Artesanato ;
- Pequenas empresas ;
- Armazenagem de cereais ;
- Transformação de produtos florestais não lenhosos; etc.

- **Características dos microprojectos**

Um microprojecto caracteriza-se pelos seguintes elementos

- Cooperação local ;
- Baixo custo global;
- Um impacto geográfico de pequena escala ;
- Um possível carácter inovador.

SECÇÃO II: EXECUÇÃO DOS MICROPROJECTOS9

A criação de um microprojecto, como uma atividade geradora de rendimentos (AGR), é uma garantia de sustentabilidade financeira. Muitos proprietários de projectos pretendem criar ou reforçar actividades geradoras de rendimento para contribuir para a viabilidade financeira de uma estrutura social ou para aumentar os rendimentos de grupos desfavorecidos. O processo de lançamento pode desenrolar-se nas cinco (5) fases seguintes:

- Actividades planeadas;
- Oportunidades de negócio ;
- O plano de marketing ;
- O plano de produção ;
- Viabilidade económica.

PARÁGRAFO I: ACTIVIDADES PREVISTAS E OPORTUNIDADES DE NEGÓCIO

A- Actividades previstas para os microprojectos

As actividades previstas devem ser coerentes e pertinentes, a fim de evitar problemas sociais ou culturais. Devem ser adaptadas ao domínio de ação. Para isso, antes de escolher uma atividade, é necessário efetuar uma análise dos recursos naturais e do ambiente cultural e socioeconómico. É tão importante desenvolver primeiro as actividades tradicionais como lançar novas actividades.

1- Diagnóstico do microprojecto

O promotor deve definir com precisão a AIG que pretende desenvolver e ter a certeza de que a atividade, se realizada com sucesso, dá uma resposta pertinente às necessidades expressas. O promotor analisa as necessidades reais a montante e, em seguida, considera o objetivo da ação e a natureza dos beneficiários. As seguintes questões preliminares são essenciais na fase de diagnóstico:

- Onde se situa o microprojecto?
- Qual é o contexto socioeconómico?

- Que necessidades foram identificadas?
- Que problemas precisam de ser resolvidos?
- O que é que quer produzir?
- Qual é o objetivo do IGA?
- Quem beneficiará do microprojecto?
- Quem são as partes interessadas no microprojecto?
- A atividade proposta responde às nossas necessidades?
- Qual é o valor acrescentado desta atividade?
- A atividade está adaptada ao contexto local (clima, recursos, cultura)?
- O projeto tem o apoio dos residentes locais?

2- Promoção das actividades tradicionais locais

Muitas vezes, é melhor começar com actividades para as quais a população local tem conhecimentos culturais e experiência anterior.

Em muitos casos, a população local já está a desenvolver actividades geradoras de rendimentos. A melhor abordagem para um microprojecto é apoiar estas AGR existentes, ajudando a população a reduzir os obstáculos que enfrentam.

B- Oportunidades comerciais para o microprojecto

É necessário identificar as saídas comerciais através de estudos de mercado e também antecipar os efeitos.

1- Estudo de mercado do microprojecto

A verificação da existência de estabelecimentos comerciais implica a realização de estudos de mercado. O objetivo é recolher informações para validar ou corrigir hipóteses sobre a procura, a oferta e o ambiente do mercado. Os estudos de mercado implicam as seguintes acções:

- Reunir informações suficientes sobre a procura e a oferta para permitir a elaboração de hipóteses sobre as vendas futuras e para fornecer elementos concretos a utilizar na elaboração do orçamento previsional;
- Defina o seu preço de venda de forma tão consistente quanto possível;
- Escolha os meios de distribuição do seu produto, considere os meios de comunicação adequados e esteja consciente dos pontos fracos da sua empresa.

2- Previsão dos efeitos do microprojecto

É necessário prever o impacto que os seguintes factores podem ter no sucesso do microprojecto: grau de isolamento e densidade da rede rodoviária da zona, clima, relevo, estações do ano, disponibilidade de matérias-primas, presença de uma rede eléctrica, requisitos de qualidade do produto selecionado, recursos de produção disponíveis, etc.

PONTO II: PLANO DE COMERCIALIZAÇÃO E PRODUÇÃO

A- Plano de marketing

Definir uma estratégia de vendas significa adaptar os bens e serviços que produzimos para satisfazer as necessidades dos clientes identificados. Por outras palavras, trata-se das decisões a tomar para atingir os objectivos de venda.

O conhecimento do mercado, da clientela e da concorrência, obtido através dos estudos de mercado, permite definir uma estratégia de vendas.

O objetivo é oferecer um produto que satisfaça os seus clientes e vender o suficiente para obter lucro.

Esta é uma fase delicada que exige reflexão, lógica e criatividade, pois é necessário fazer escolhas sobre :

- O produto (imagem ou desenho): definição das características do produto e da melhor forma de satisfazer as necessidades (funcionalidade, embalagem, qualidade, etc.).
- Clientes: clientes-alvo e gama de produtos (topo de gama, mercado de massas, etc.).
- Distribuição: escolha do canal e dos espaços de distribuição (local de venda, venda direta ou através de intermediários, rede de vendas, etc.). A distribuição pode ser efectuada através de canais comerciais tradicionais, mas também através de canais mais informais, locais ou ligados a redes internacionais de solidariedade.
- Comunicação: acções a empreender para divulgar e informar os consumidores sobre as qualidades e os benefícios do produto (publicidade, promoção, patrocínio, etc.).

B- Plano de produção

As dimensões do plano de produção têm em conta, por um lado, as saídas comerciais previstas e, por outro, os meios técnicos e humanos disponíveis:

- Construção: armazém, loja, corredor, etc. ;
- Equipamentos e materiais: máquinas, embalagens, ferramentas, eletricidade, água, etc. ;
- Matérias-primas ;
- Transporte ;
- Mão de obra ;
- Formação.

No entanto, antes de entrar em produção, o proprietário do projeto deve verificar a viabilidade económica da atividade planeada. É necessário prever se o negócio é suscetível de ser rentável a médio prazo e se irá gerar mais dinheiro do que aquele que é gasto. A viabilidade económica da empresa é medida por uma conta de exploração projectada.

CAPÍTULO II
APRESENTAÇÃO DO DOMÍNIO DE INVESTIGAÇÃO

A investigação baseou-se, em Mayo-Kebbi West, no microprojecto de transformação de nozes de carité em manteiga gerido pelo grupo de "mulheres empresárias", financiado pelo projeto RECONNECT no âmbito do apoio a microprojectos e AGIs baseados em recursos naturais iniciados localmente por comunidades de base. Neste capítulo, apresentaremos uma visão geral da província de Mayo-Kebbi West e do seu potencial em termos de recursos naturais, do projeto RECONNECT e do grupo de "mulheres empresárias".

SECÇÃO I: PANORÂMICA DA ZONA OCIDENTAL DE MAYO-KEBBI E DOS RECURSOS NATURAIS PARÁGRAFO I: PROVÍNCIA DE MAYO-KEBBI OESTE

A- Introdução à província

Uma das vinte e três (23) províncias do Chade, a província de Mayo-Kebbi Ouest (Decreto n.º 415/PR/MAT/02 e 419/PR/MAT/02), cuja capital é Pala, tem cinco (5) departamentos, quinze (15) sub-prefeituras, vinte (20) cantões e quinhentas e quinze (515) aldeias que cobrem uma área total de 12.600 km2. De acordo com as projecções do INSED, a população de Mayo-Kebbi West está estimada em 785.944 habitantes em 2018.

A província de Mayo-Kebbi Ocidental faz fronteira com os Camarões a norte e a sul, com Mayo-Kebbi Oriental a nordeste, com Tandjilé a leste e com Logone Ocidental a sudeste.

Está situada na zona sudanesa entre 9ème e 10ème graus de latitude norte e 14ème e 15ème graus de longitude leste.

B- Mapa administrativo da província

A figura abaixo mostra o mapa administrativo do seu círculo eleitoral.

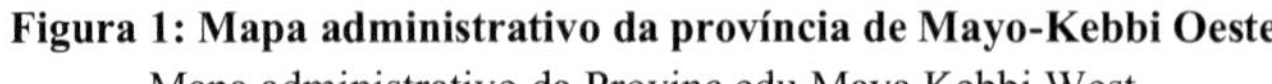

Figura 1: Mapa administrativo da província de Mayo-Kebbi Oeste

Mapa administrativo da Provinc,edu Maya Kebbi West

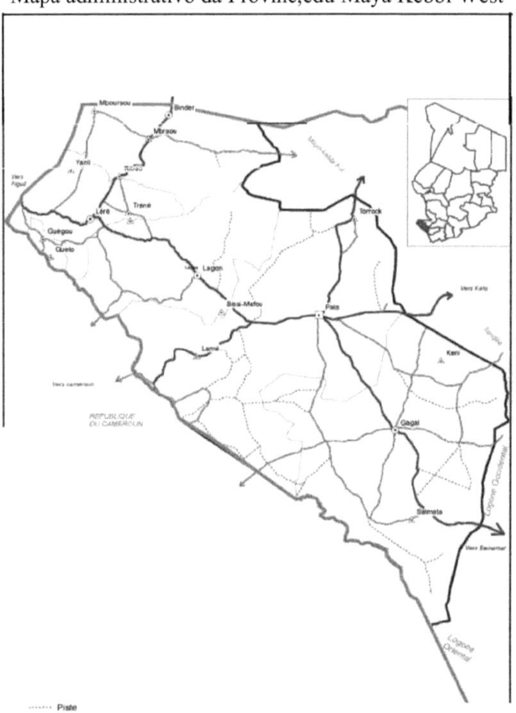

	Lege11,de Admilills T1Jllal'I [:]Gttef.l(ieu de Provil'}ce (!}Ctlef.Jlieu ded;)épartemenl CiJmmurte Fromièra d'Etat /'VLlrnle,de Pu,vlnce ; Lirntè qé Dé- i:iarterrnenl Camnumi tù;J,n R-oote pHnclpale nan bitumée	0 5 10 m,o:JrffliëT J. llfle-t.202	20	3ô	[)	lOnle'tèr
	--Rool.e se.coodaira	s	;rMiOHU			

PONTO II: RECURSOS NATURAIS DA REGIÃO OCIDENTAL DA MAIONESE-KEBBI

Definidos como bens ou serviços fornecidos pela natureza sem alteração pelos seres humanos, os recursos naturais são preciosos para as sociedades humanas. Contribuem diretamente para o seu bem-estar e desenvolvimento (matérias-primas, minerais, alimentos) ou indiretamente através dos serviços prestados pela transformação de produtos florestais não lenhosos.

A- Recursos naturais renováveis

O solo, a vegetação, a fauna, a hidrografia e o clima podem ser citados como recursos renováveis.

A província de Mayo-Kebbi West tem sete tipos de solos:

- Solos areno-argilosos tropicais ferruginosos lixiviados;
- Solos ferruginosos tropicais lixiviados para hidromorfos em profundidade ;
- Solos hidromórficos em antigos solos ferruginosos ;
- Os solos com baixo teor de ferro (solos vermelhos) são muito arenosos e degradam-se muito rapidamente;
- Solos tropicais ferruginosos com estaleiros pouco profundos ;
- Aluviões e solos argilo-arenosos hidromórficos;
- Peitorais rasos ou salientes.

A vegetação é constituída por floresta de galeria, floresta aberta, floresta de pântano e savana arborizada. Existem três (3) áreas protegidas nesta zona: a reserva florestal de Yamba Berte e os dois (2) Parques Nacionais de Sena-Oura e Zah-Soo. O Oeste de Mayo-Kebbi é também rico em recursos haliêuticos nos lagos Léré e Tréné.

A fauna é particularmente variada e as espécies presentes nas áreas protegidas são representativas de toda a fauna da região. Entre estas, contam-se o ourébi, a gazela, o javali, o elefante, a girafa, o búfalo, o chacal, a galinha-d'angola selvagem, a avestruz, etc.

A fauna aquática dos dois lagos inclui manatins, hipopótamos, tartarugas, crocodilos e várias outras espécies de peixes. O clima aqui é tropical seco com duas estações, seca e chuvosa.
A estação seca dura sete (7) meses, de novembro a abril, e a estação das chuvas dura cinco (5) meses, de maio a outubro. O gráfico abaixo mostra o mapa administrativo da província de Mayo-Kebbi West.

Os vários recursos naturais de West Mayo-Kebbi incluem não só recursos florestais como a madeira, mas também produtos florestais não lenhosos.

B- Conceitos de produtos florestais[10]

Os recursos florestais de uma localidade são um património que tem de ser gerido e o seu potencial tem de ser compreendido. No Chade, tal como em West Mayo-Kebbi, os produtos florestais não lenhosos (PFNM) fornecem alimentos de emergência durante a época de escassez e constituem uma rede de segurança alimentar de emergência contra os riscos sazonais e em caso de necessidade para as famílias. Estes produtos complementam a produção alimentar das famílias e fornecem géneros alimentícios nutritivos essenciais e produtos para uso médico.

O valor atual dos PFNM para os conservacionistas, silvicultores, intervenientes no desenvolvimento e povos indígenas deu origem a numerosas iniciativas neste domínio destinadas a promover a utilização e a comercialização sustentáveis dos PFNM como meio de melhorar o bem-estar das populações rurais, conservando ao mesmo tempo as florestas.

• Floresta

O artigo 13.º da Lei n.º 14 /PR/2008, de 10 de junho de 2008, que rege as florestas, a fauna e a flora selvagens e os recursos haliêuticos do Chade, estipula que "as florestas são áreas ocupadas por formações vegetais de árvores e arbustos, excluindo as resultantes de actividades agrícolas". Os produtos florestais lenhosos referem-se a produtos como a madeira, mas a distinção entre produtos florestais lenhosos e não lenhosos não é clara. Por razões práticas, o Ministério do Ambiente, através do Despacho n.º 58/MAE/SG/DGE/2014, de 11 de setembro de 2014, criou um Comité Consultivo Nacional para os Produtos Florestais Não Madeireiros.

• Produtos florestais não lenhosos (PFNM)

O artigo 2.º da referida lei define os produtos florestais não lenhosos (PFNL) como "todos os produtos florestais de origem vegetal, com exceção da lenha, da madeira de serviço e da madeira industrial, de uso ou artesanal".

Os PFNL incluem folhas, frutos, sementes, nozes (incluindo nozes de karité), amêndoas, gomas, resinas, raízes, cascas, tubérculos, cogumelos, óleos essenciais, insectos, etc.

A noz de carité, que é o objeto da nossa investigação, é, portanto, um produto florestal não lenhoso e pode, por conseguinte, ser explorada nas condições de uma gestão sustentável dos recursos naturais.

• Potencial de produção de carité

Em todas as províncias produtoras, a recolha de frutos e nozes é gratuita para as bancas fora da exploração.

Não existe qualquer imposto florestal sobre a recolha ou venda de nozes de carité. Os frutos são transformados manualmente pelas mulheres em óleo e/ou manteiga. A manteiga é utilizada no fabrico de produtos cosméticos, como sabão, pomada e creme. Também é utilizada na indústria alimentar.

• Produção por província

A tabela seguinte mostra a produção potencial de carité nas sete (7) principais províncias.

Quadro 1: Estimativa da produção potencial de carité por província

Sem encomenda	Províncias	Superfície total (em ha)	Área considerada (em ha)	Densidade (Nb/ha)	Número de pés	Percentagem
1	Logone Occidental	884 542	294 847	18	5 307 251	10%
2	Logone Oriental	2 364 238	788 079	22	17 337 746	18%
3	Mandoul	1 732 664	577 555	32	18 481 741	12%
4	Mayo-Kebbi Leste	1 822 527	364 505	8	2 916 043	9%
5	Mayo-Kebbi Oeste	1 283 533	256 707	12	3 080 478	10%
6	Médio Chari	4 177 754	1 392 585	26	32 207 204	29%
7	Tandjilé	1 753 624	584 541	16	9 352 661	12%
Total		4 532 313	2 866 234	-	73 079 124	100%

Fonte: INADES formação Tchad, BURECONS (Bureau d'Etude Conseils), 2009

Este quadro mostra que a província de Moyen Chari lidera em termos de número de plantas de carité (29%) e de área ocupada (4 177 754 ha) por esta espécie, seguida da província de Logone Oriental (18% e 2 364 238 ha, respetivamente). As outras províncias, incluindo Mayo-Kebbi West, são praticamente iguais, com centenas de hectares e 10% de árvores na área considerada. A exploração da castanha de carité baseia-se numa abordagem participativa dos recursos naturais.

- **Gestão participativa dos recursos naturais11**

A gestão participativa dos recursos naturais (GPRN) pode ser definida como um método de intervenção que permite alcançar uma gestão sustentável dos recursos naturais. É uma abordagem que promove a transferência de certos poderes do Estado para as comunidades e outros actores, definindo os seus direitos, papéis, responsabilidades e interesses. Trata-se, na verdade, de uma gestão descentralizada dos recursos naturais (DNRM), cujo princípio é encorajar as comunidades locais e as autoridades territoriais a incluir actividades de conservação do ambiente e de gestão dos recursos naturais nos seus programas de desenvolvimento local. A noção de gestão participativa dos recursos naturais foi progressivamente associada a uma metodologia mais geral designada por "abordagem participativa".

O seu principal objetivo é envolver e associar estreitamente as populações locais no diagnóstico, identificação, programação, implementação e acompanhamento das acções de gestão dos recursos naturais (GRN) a realizar ao nível do terroir, e definir as responsabilidades dos vários parceiros em cada fase deste processo.

- **Participação do público**

Envolver as populações locais significa devolver-lhes o poder de iniciativa e de decisão na

definição e execução de acções e programas que afectam o seu próprio futuro.
Isto significa que os actores externos e os governos reconhecem os agricultores, os criadores de gado, os artesãos, etc. como actores do desenvolvimento, parceiros de pleno direito e não como alvos de um projeto externo.
A participação ocorre quando se estabelece uma parceria ou uma relação contratual entre as pessoas afectadas por um programa de ação e os outros intervenientes.
Segundo Gallard e Koné (1994): "é uma dinâmica constantemente reactivada, funcional e pragmática, na qual os agentes de desenvolvimento e as populações combinam os seus conhecimentos, saberes e vontades em acções concertadas de parceria com vista a melhorar, de forma sustentável, a assunção e a gestão das acções empreendidas". A importância da abordagem participativa aplicada à gestão dos recursos naturais reside no facto de encorajar toda a população de uma aldeia ou de um grupo de aldeias a assumir uma responsabilidade efectiva na recuperação e no desenvolvimento do território.
Assegura igualmente o estabelecimento de uma parceria para a gestão dos recursos naturais a nível local.

• Aplicação da GPRN

A aplicação da Gestão Participativa dos Recursos Naturais (GPRN) é um processo contínuo que tem em conta todas as fases da vida de um projeto de desenvolvimento, nomeadamente: o diagnóstico da zona do ponto de vista da gestão dos recursos florestais e a análise dos diferentes constrangimentos e prioridades; o planeamento: conceção e programação das acções a realizar; e a execução, gestão e acompanhamento-avaliação de todo o programa.

SECÇÃO II: PANORÂMICA DO PROJECTO RECONNECT E DO CONSÓRCIO "MULHERES EMPRESÁRIAS

PARÁGRAFO I: VISÃO GERAL DO PROJECTO RECONNECT

Lançado a 03 de dezembro de 2018 em Pala por um período de 5 anos, o projeto RECONNECT é o resultado da colaboração entre a República do Chade, o Fundo Mundial para o Ambiente (GEF) e a União Internacional para a Conservação da Natureza (UICN). O projeto RECONNECT está sediado em Pala, a capital do Departamento de Mayo-Dallah e da província de Mayo-Kebbi West. É gerido por uma Unidade de Gestão do Projeto (UGP), que é apoiada na execução das actividades pela Unidade Local de Coordenação do Projeto (ULPC). O projeto RECONNECT basear-se-á nos resultados de iniciativas e projectos anteriores para adotar as melhores práticas no domínio da silvicultura e da gestão de sistemas agro-silvopastoris, de que Mayo-Kebbi Ocidental beneficiou no passado. O projeto terá uma duração de cinco (5) anos. O resto do presente parágrafo trata dos objectivos e da estrutura do projeto.

O objetivo geral do projeto é melhorar a gestão sustentável dos recursos naturais e dos recursos florestais em particular, a fim de reduzir as emissões de CO_2 e manter os serviços dos ecossistemas. Este objetivo será alcançado através de :

• Melhorar o empenhamento e a capacidade das várias partes interessadas para assegurar a gestão sustentável a longo prazo dos recursos naturais, com uma forte participação das comunidades de base;

- Aumento da capacidade de sequestro de CO_2 através da gestão sustentável de ecossistemas florestais que abrangem 21 600 ha;
- Utilização sustentável dos recursos naturais, incluindo o desenvolvimento de actividades sustentáveis geradoras de rendimentos e o reforço da capacidade de resistência global das comunidades às alterações climáticas;
- Aumento da produção a partir de solos degradados.

PONTO II: GRUPO "MULHERES EMPRESÁRIAS

Criado a 10 de setembro de 2011 e autorizado a funcionar a 17 de dezembro do mesmo ano, sob o n.º 095G/MICA/CLA/10/49/2011 pelo Sub-Prefeito Rural de Pala, Presidente do Comité Local de Aprovação (CLA), o grupo "mulheres empreendedoras" é obra de uma mulher muito ativa[12] com experiência comprovada no domínio do desenvolvimento rural e antiga facilitadora do programa PRODALKA.

Atualmente, é frequentemente chamada como formadora por ONG e projectos locais, no âmbito de workshops de reforço de capacidades no domínio da valorização dos produtos locais. Estas experiências da fundadora do grupo contribuíram, sem dúvida, para a criação desta organização e para as condições a preencher nos critérios de financiamento dos microprojectos pelos doadores. Isto pode confirmar a hipótese ligada à experiência no sector.

Os objectivos do grupo "Femmes entreprenantes" são os seguintes

- Melhorar o bem-estar social e económico dos seus membros;
- Criar secções de formação técnica para a transformação de produtos locais;
- Acrescentar valor aos produtos primários baseados nos recursos naturais, em especial os produtos florestais não lenhosos (PFNL);
- Procura de mercados para os produtos acabados.

A área de intervenção do grupo inclui a comuna de Pala e a zona rural circundante, e o seu princípio fundamental é a participação das comunidades com vista a capacitá-las na implementação do projeto, como a identificação das necessidades, a conceção e implementação do projeto, a gestão e a tomada de decisões.

O grupo é composto por vários órgãos, nomeadamente os órgãos de decisão e as equipas de produção e de gestão.

- **Órgãos de decisão**

A Assembleia Geral, o Conselho de Administração e a Comissão Executiva são os órgãos de decisão do grupo.

• **Equipas de produção e de gestão**

Os órgãos de decisão são apoiados por uma equipa de produção e de gestão. Esta equipa é composta por cerca de dez pessoas que recebem formação regular do fundador e dos parceiros. O quadro abaixo ilustra alguns destes órgãos.

Quadro 2: Órgãos de decisão e equipas de gestão do grupo

Órgãos	Composição	Número de membros	Tarefas
Assembleia Geral Anual	Fundador e membros	30	Eleger o Conselho de Administração e a Comissão Executiva, defender a visão e a missão do grupo
Conselho de Administração	Fundador e membros subscritores	5	Conselheiroe seguir o executivo
Comité executivo	Fundador e membros executivos	11	Realizar actividades em grupo
Equipa de formação	Fundador	01	Formar e supervisionar os membros
Equipa de produção/transformação	Mulheres e raparigas-mães produtoras	10	Transformar as nozes de carismas em produtos acabados
Equipa de gestão	Gestor/caixa	02	Vender os produtos acabados e receber o dinheiro

Fonte: Grupo Pala "Mulheres Empresárias", 2023

A equipa do projeto RECONNECT realiza actividades no MKO em sinergia com as partes interessadas, nomeadamente os serviços técnicos do Ministério do Ambiente, as estruturas de desenvolvimento local (ILOD, ADC, CVS), os comités cantonais, as organizações de agricultores, as associações e grupos de mulheres e de jovens (PEE-MBANG, OPLO, FEMMES ENTREPRENANTES, etc.), as comunidades locais, as chefias tradicionais e os parceiros do projeto (GEF, IUCN, GIZ, NOE, WCS). Todas estas organizações estão a trabalhar em conjunto para melhorar as condições de vida da população MKO.

CONCLUSÃO DA PRIMEIRA PARTE

O envolvimento de todos os estratos sociais através de reuniões é crucial para o sucesso do GPRN. Este envolvimento é efetivo quando todos os indivíduos contribuem a cem por cento para os debates e a tomada de decisões. Cada participante deve refletir e referir-se às suas próprias experiências, conhecimentos e preocupações para poder contribuir para o grupo. A criatividade, a inovação e as novas ideias devem prevalecer através de um diálogo honesto, aberto e útil, conduzindo a uma participação de qualidade com o máximo de informação.

SEGUNDA PARTE
APRESENTAÇÃO E ANÁLISE DA GESTÃO DO MICROPROJECTO DO GRUPO "MULHERES EMPRESÁRIAS

INTRODUÇÃO À SEGUNDA PARTE

Com vista a ajudar as populações da sua zona de intervenção (Mayo-Kebbi West) a diversificar as suas fontes de rendimento, o projeto RECONNECT propôs várias actividades alternativas no seu apoio. Foi identificado o apoio aos beneficiários de microprojectos de actividades geradoras de rendimento (AGR) baseadas nos recursos naturais.

O grupo de "mulheres empresárias", no âmbito do seu microprojecto de transformação de nozes de carité em manteiga, é também um dos beneficiários.

Esta secção aborda questões como: como é que estes microprojectos foram desenvolvidos pelas comunidades de base? E o que dizer da sua gestão e do seu impacto na melhoria das condições de vida?

O capítulo 3 apresenta o microprojecto, como foi desenvolvido e como funciona, e o capítulo 4 analisa os canais de comercialização, a conta de exploração e as estratégias possíveis para melhorar o desempenho.

CAPÍTULO III
MICROPROJECTO DE TRANSFORMAÇÃO DE NOZES DE KARITÉ EM MANTEIGA

O microprojecto de transformação de nozes de carité em manteiga é uma atividade geradora de rendimentos (AIG) iniciada por mulheres que vivem na aldeia de Zamadig, a 12 km da cidade de Pala. As mulheres são membros de um grupo conhecido como "femmes entreprenantes". A AIG foi criada para contribuir para a melhoria das condições de vida da população local, nomeadamente dos membros do grupo.

O êxito deste microprojecto depende da capacidade técnica dos promotores do comércio, do potencial das espécies de carité na zona de produção e do seu financiamento.

SECÇÃO I: MICROPROJECTOS FINANCIADOS PELO RECONNECT

A maior parte das organizações não governamentais (ONG) ou das organizações multinacionais de ajuda ao desenvolvimento financiam e executam programas de microprojectos, geralmente com a participação ativa das autoridades do país de acolhimento.

PARÁGRAFO I: Microprojectos à escala comunitária

Os microprojectos são geralmente baseados na comunidade, tocando as pessoas no centro das suas preocupações e permitindo-lhes tomar medidas para melhorar a sua situação.

O projeto RECONNECT optou, portanto, por esta abordagem de "micro-projeto" no seu apoio no terreno às comunidades-alvo, financiando 370 micro-projectos de iniciativa local na 1ª vaga para responder às necessidades expressas localmente pelas populações da zona de intervenção do projeto.

PARÁGRAFO II: Microprojectos por departamento no MKO

A repartição quantitativa destes microprojectos por departamento e MKO é apresentada no quadro e no gráfico seguintes.

Quadro 3: Repartição do número de microprojectos por sector e departamento no MKO financiados pela RECONNECT

Não	Departamento Canal	El Ouaya	Lago Léré	Pasta Mayo	Mayo Dallah	Naná	Total	Custos/Micro projecto (FCFA)
1	Desenvolvimento do sítio dos crocodilos	1					1	5 000 000
2	Apicultura		1	3	6	10	20	1 120 000
3	Composto	1			8		9	888 000
4	Cordão de pedra		29				29	735 000
5	Cultivo de malaguetas			2	2		4	1 108 000
6	Culturas forrageiras			7		4	11	1 401 500
7	Criação de coelhos				2		2	820 000
8	Criação de pequenos ruminantes	9	8	3	12	19	51	820 000
9	Formação				2	2	4	1 600 000
10	Lareira melhorada					1	1	888 000
11	Cultivo de vegetais	1			4		5	1 108 000
12	Moinho				4		4	1 752 000
13	Piloto NTFP				1		1	3 533 000
14	Pedra de lamber		1				1	541 000
15	Plantação	8	29	11	69	34	151	1 053 000
16	Produção de plantas	1	2	1	8	7	19	1 278 000
17	Secagem do peixe		3		2		5	1 401 500
18	Armazenagem de cereais	1	3		8	27	39	250 000
19	Transformação de PFNL			1	3		4	940 500
20	Transformação de forragens						0	2 993 500
21	Tricotar				3		3	888 000
22	Aves de capoeira		2			4	6	1 331 000
Total		22	78	28	134	108	370	
Percentagem		6%	21%	8%	36%	29%	100%	

Fonte: Projeto RECONNECT, 2022

O quadro mostra que o número de microprojectos de plantações (151) é superior ao de todos os outros sectores. Segue-se a criação de pequenos ruminantes (51). Estes números podem explicar a missão do projeto RECONNECT, que consiste em melhorar a gestão dos recursos florestais e dos sistemas agro-silvo-pastoris através do envolvimento e das melhores práticas das comunidades de base. O número de microprojectos por departamento é ilustrado no gráfico abaixo.

Figura 2: Número de microprojectos por departamento

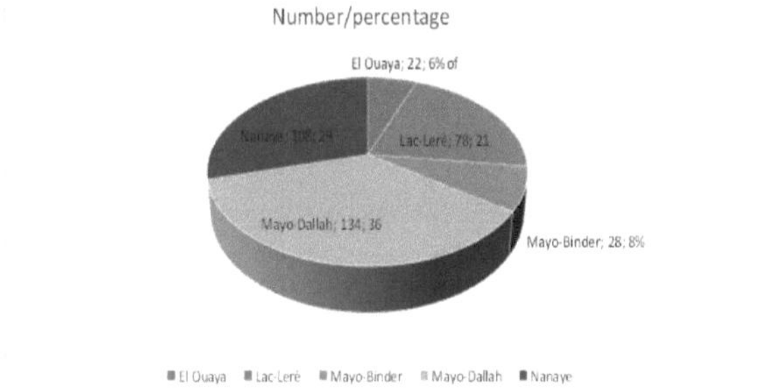

Fonte: **Com base nos dados do quadro 3** (acima)

Este gráfico mostra que o número de microprojectos no departamento de Mayo-Dallah (134) está em primeiro lugar, seguido de Nanay (108) e Mayo-Binder (78). Isto reflecte mais ou menos a posição destes departamentos, em termos de número de habitantes, na zona de intervenção do projeto.

SECÇÃO II: DESENVOLVIMENTO DE UM MICROPROJECTO DE TRANSFORMAÇÃO DE NOZES DE KARITÉ EM MANTEIGA PELO GRUPO "MULHERES EMPRESÁRIAS

No âmbito do financiamento dos microprojectos, o projeto RECONNECT forneceu aos promotores um formulário de candidatura composto pelos seguintes elementos a preencher por ordem cronológica:

- Título do microprojecto ;
- Justificação;
- Objetivo geral;
- Objectivos específicos ;
- Resultados esperados ;
- Actividades ;
- Calendário das actividades ;
- Recursos disponíveis para a viabilidade ;
- Quadro lógico simplificado ;
- Orçamento ;
- Resumo;

• Data/Nome do promotor/Signatário da pessoa responsável.
O grupo "mulheres empresárias" utilizou este formulário para criar o seu microprojecto, cujo conteúdo é analisado no parágrafo seguinte.

PARÁGRAFO I: DESENVOLVIMENTO DO MICROPROJECTO DE TRANSFORMAÇÃO DA CASTANHA DE KARITÉ EM MANTEIGA PELO GRUPO "MULHERES EMPRESÁRIAS

A- Desenvolvimento do microprojecto

1- Justificação e objectivos

P a r a obter o financiamento da RECONNECT para o seu microprojecto, o grupo As "Mulheres Empresárias" elaboraram um dossier cujo conteúdo se resume a seguir.

- **Título do microprojecto**

O título do microprojecto é a transformação de nozes de karité em manteiga.

- **Justificação do microprojecto**

Em termos de instrumentos de gestão dos recursos naturais, as mulheres de West Mayo-Kebbi são mais vulneráveis do que os homens à escassez de alimentos.
Elas estão sujeitas a desigualdades em termos de rendimento, educação, responsabilidade, etc.
Por esta razão, a abundância de carité na localidade permite às mulheres empresárias :

- Reforçar a capacidade técnica do grupo;
- Fornecimento de manteiga aos potenciais clientes em termos de quantidade e qualidade;
- Reduzir o corte excessivo de árvores ;
- Incluir as mulheres nas AGI ;
- Aumentar o nível de rendimento das mulheres.

- **Objectivos gerais do microprojecto**

- Melhorar as condições de vida das mulheres de Zamadig/Pala com o objetivo de as capacitar;
- Contribuir para a melhoria das condições de vida da população através do trabalho independente dos jovens e das jovens mães em particular.

- **Objectivos específicos do microprojecto**

Aumentar o nível de rendimento do grupo de "mulheres empresárias" de Zamadig em 10% num ano, através das seguintes acções

- ➢ Transformar as nozes de karité em manteiga;
- ➢ Vender o produto acabado;
- ➢ Aumentar o nível de rendimento do promotor ;
- ➢ Reduzir o abate abusivo de árvores pelas mulheres;
- ➢ Empregar 10 jovens, incluindo 7 raparigas-mães;
- ➢ Reduzir o desemprego dos jovens;

- **Resultados esperados**

- ➢ 01 instalações equipadas ;
- ➢ Nozes de karité adquiridas ;
- ➢ Ingredientes disponíveis;
- ➢ 10 toneladas de manteiga produzidas e vendidas;
- ➢ Aumento do rendimento do promotor ;
- ➢ 10 jovens e raparigas-mães formados e recrutados;
- ➢ O corte excessivo de madeira é reduzido.

2- Actividades e orçamento

- **Actividades de microprojectos**

- ➢ Arranjo da zona de produção ;
- ➢ Recolher e comprar ingredientes (nozes de karité);
- ➢ Transporte de ingredientes;
- ➢ Fornecer formação adequada em actividades de microprojecto a jovens e mães locais; Produzir o produto final (manteiga).

- **Horários de actividades**

Mês	1	2	3	4	5	6	7	8	9	10	11	12
Actividades												

- **Recursos disponíveis para a viabilidade do microprojecto**

- ➢ Reconhecimento jurídico ;
- ➢ Disponibilidade da contribuição do requerente ;

- Árvores de carité na localidade ;
- Instalações ;
- Existência de um poço aberto.

- **Quadro lógico**

Objetivo geral: Melhorar as condições de vida das mulheres do bairro de Erdé, Pala, com o objetivo de as capacitar	Objectivos específicos Aumentar o nível de Receitas do grupo As "mulheres empresárias" de Erdé daqui a 1 ano	Resultados esperados : 1. as mulheres do bairro de Erdé reuniram-se num grupo de "mulheres empresárias" e as suas capacidades de gestão estão a ser reforçadas	Actividades : 1.1 Formação do grupo em gestão financeira
			1.2 Organizar reuniões de sensibilização sobre os benefícios do grupo e o seu funcionamento
		2. 20 membros com competências reforçadas	
		3. produtos acabados produzidos e vendidos	

- **Orçamento do microprojecto**

Quadro 4: Orçamento para o microprojecto de transformação de nozes de carité em manteiga

Designação	Unidade	Qté	Preço por unidade	Preço total	A nossa contribuição para financiamento		Pedido de financiamento exterior
					Natureza	Espécies	
1. Pequenos objectos							
Recipiente de 20 litros vazio	Unidade	30	2 000	60 000	0	0	60 000
Funil	Unidade	20	500	10 000	0	0	10 000
Contentor	Unidade	20	5 000	100 000	0	0	100 000
Selo de plástico	Unidade	5	2 000	10 000	0	0	10 000
Suporte multifunções	Unidade	5	70 000	350 000	0	0	350 000
Panela	Unidade	10	5 000	50 000	0	0	50 000
Carrinho de mão	Unidade	5	30 000	150 000			150 000
Par de gangs	Unidade	3	1 000	3 000	0	0	3 000

Subtotal 1				733 000	0	0	733 000
2. Como funciona							
Desenvolvimento em local	Unidade	1	1 500 000	1 500 000	200 000	0	1 300 000
Compra e recolha de nozes	Unidade	1	1 000 000	1 000 000	0	300 000	700 000
Transporte de materiais e porcas	Unidade	1	400 000	400 000	100 000		300 000
Embalagem de petróleo produzido	Unidade	1	500 000	500 000			500 000
Total funcionamento				3 400 000	300 000	300 000	2 800 000
Imprevistos	%	0		54 200	54 200		
Total geral				4 187 200	354 200	300 000	3 533 000

Fonte: Projeto RECONNECT, 2022

B- Resumo do microprojecto e assinatura da pessoa responsável

1- Resumo do microprojecto

A transformação da castanha de carité em manteiga será efectuada na aldeia de ZAMADIG, no cantão de Erdé (a cerca de 10 km da cidade de Pala), pelo grupo de "mulheres empresárias", através da aquisição de pequenos equipamentos e do recrutamento e formação de dez jovens, das quais sete (7) mães raparigas. Esta atividade geradora de rendimentos consistirá na recolha de nozes de carité nos arredores. Estes ingredientes serão transportados para o local onde serão transformados em manteiga, creme e sabão.

Estes produtos acabados serão vendidos à população urbana a troco de dinheiro, o que aumentará o rendimento do promotor e ajudará a melhorar as condições de vida e a capacitar os jovens e as mães raparigas da zona de intervenção do microprojecto.

2- Data/Nome do promotor/Assinatura da pessoa responsável

Pala, Grupo "Mulheres Empresárias" de Pala.

PONTO II: GESTÃO DA PRODUÇÃO E VENDA DE MANTEIGA DE KARITÉ PELO GRUPO "MULHERES EMPRESÁRIAS

De acordo com o Lexique économique, uma atividade pode ser definida como uma operação ou um processo levado a cabo por uma organização que mobiliza inputs para produzir outputs. As actividades correspondem às acções directas empreendidas ou ao trabalho realizado por quem executa o projeto.

Assim, a gestão das actividades de produção e venda de manteiga pelos membros do grupo pode ser a arte desenvolvida por estes últimos para organizar, dirigir, planear e controlar as actividades com vista a melhorar as estratégias de desempenho do grupo.

A- Conhecimento dos frutos de karité

Antes de abordar a tecnologia de transformação da noz de carité propriamente dita, é necessário conhecer a árvore do carité e as utilizações que são dadas à sua noz, casca, folhas, madeira, etc.

1- Árvore de karité

Botanicamente conhecido como Vitellaria paradoxa ou Butyrospermum Parkii, o carité é uma árvore de manteiga que cresce em estado selvagem na África Ocidental e Central, incluindo o Chade. Cresce apenas no clima do Sahel, com uma precipitação de até 1.000 mm e duas estações distintas com um longo período seco. Esta árvore de 10 a 15 m de altura tem um sistema radicular muito pivotante, o que lhe permite ser utilizada para culturas combinadas. São necessários 15 anos para que a árvore dê o seu primeiro fruto. O fruto comestível do carité contém uma amêndoa. É desta amêndoa que se extrai a manteiga de carité. A manteiga de carité é comestível. O fruto é carnudo e assemelha-se a um pequeno abacate, com uma polpa doce e comestível.

Contém geralmente uma semente rodeada por uma casca fina. Demora cinco meses a amadurecer e está classificada como uma espécie em perigo de extinção pela UICN. A árvore do carité produz um fruto comestível constituído por uma polpa e uma noz.

2- Benefícios do karité

No Chade, como em todos os países africanos, as diferentes partes desta árvore podem ser exploradas para produzir outros produtos alimentares, farmacêuticos, cosméticos e outros. De acordo com a estratégia nacional do Burkina Faso para o desenvolvimento sustentável da indústria do carité, os principais tipos de produtos de carité são os seguintes

• As folhas são utilizadas na medicina tradicional como elixir bucal ou como infusão para tratar afecções oculares, nevralgias dentárias, dores de estômago e dores de cabeça. Podem também ser extraídos óleos essenciais. São também utilizadas em cerimónias tradicionais para proteger os recém-nascidos e para fazer máscaras.

• As flores são preparadas em saladas e utilizadas para fazer mel. Produzem também óleos essenciais.

• A casca é utilizada em marroquinaria para amaciar as peles e na medicina tradicional para tratar a amebíase, a lepra e as picadas de cobra, bem como para facilitar o parto e a produção de leite nas mães que amamentam.

• A madeira de carité é utilizada na construção de casas e cercas (é muito resistente às térmitas) e na produção de carvão vegetal de alta qualidade.

• As raízes são utilizadas como remédio para a diarreia, dores de estômago e dores de dentes.

• O fruto é apreciado pela sua polpa muito doce e pela sua noz rica em gordura. A polpa é utilizada diretamente para consumo humano e/ou animal, transformada em compota ou utilizada para fazer sumo ou álcool de carité.

• As nozes de karité contêm grãos que são utilizados na medicina tradicional para combater a malária e, sobretudo, para fazer manteiga de karité.

• A manteiga de karité (convencional ou biológica), extraída dos grãos de karité, é muito utilizada localmente como óleo alimentar para cozinhar e como combustível para lâmpadas. É também utilizada como matéria-prima na indústria cosmética, no fabrico de uma vasta gama de produtos (champô, produtos para o rosto e o corpo, produtos para o cabelo, sabonetes, etc.).

Na indústria alimentar, é utilizado no fabrico de margarina ou fraccionado para substituir a manteiga de cacau na produção de chocolate. É também utilizado na indústria farmacêutica. O carité contém ainda componentes bioactivos que são utilizados em vários produtos cosméticos. Dependendo da época do ano e da região, pode também ser utilizado como forragem.

B- Transformação da noz de carité pelas mulheres

A manteiga de karité provém das nozes de karité, ou mais precisamente dos seus finos. A manteiga de karité é produzida através da extração do caroço da noz de karité. O caroço é lavado e seco. Em seguida, é moído, refinado e amassado até formar uma pasta espessa, que é misturada com água e agitada à mão.

1- Produção de manteiga de karité

A manteiga é produzida manualmente pelas mulheres, o que limita a produção em termos de qualidade e de quantidade.

O chefe do grupo diz-nos[13] "As mulheres colhem o fruto do carité, que contém uma noz rodeada por uma casca fina, contendo uma amêndoa castanha que contém toda a gordura. É desta amêndoa que se extrai a manteiga de carité, batendo a pasta".

Este método de extração é tradicional e preserva os ingredientes activos da manteiga de carité. No entanto, o rendimento é inferior ao obtido por extração química.

2- Efeitos na qualidade da manteiga

Os factores que influenciam a qualidade da manteiga são a qualidade da matéria-prima e o método de extração. O método de extração tradicional produz manteiga com um sabor suave, um odor forte e níveis elevados de humidade e acidez.

A manteiga fabricada com uma prensa manual tem um sabor menos agradável mas um nível de acidez mais baixo.

Por último, a manteiga obtida na prensa motorizada tem uma melhor cor e um sabor mais agradável, e os seus níveis de humidade e de acidez são muito baixos.

O teor de gordura é o elemento mais importante da noz. Se o teor de gordura for elevado e os ácidos gordos livres e o teor de humidade forem baixos, o exportador pode obter um bom preço.

No que se refere à qualidade dos frutos secos no Chade, os resultados das análises das amêndoas colhidas revelam geralmente uma boa coloração e um bom teor de ácidos gordos. Estas características correspondem às normas actuais.

A qualidade da manteiga de carité depende da utilização a que se destina. As indústrias cosmética e farmacêutica preferem o grau A, caracterizado por :

- Os níveis mais elevados de substâncias para o cuidado da pele encontram-se na fração insaponificável ou cicatrizante da manteiga. Convém lembrar que esta fração está essencialmente ausente de outros óleos naturais, e é isto que distingue a manteiga de carité de outros óleos.
- Os níveis mais elevados de ácidos gordos que retêm água para as células da pele encontram-se na chamada fração saponificável.
- A indústria do chocolate procura apenas os níveis elevados dos quatro ácidos gordos que se encontram na fração saponificável. Esta indústria utiliza um método químico para extrair os ácidos gordos das amêndoas importadas. Este método desnatura a fração saponificável, mas permite taxas elevadas de extração de gordura.

CAPÍTULO IV
CANAIS DE COMERCIALIZAÇÃO DA MANTEIGA DE KARITÉ E ESTRATÉGIAS DE MELHORIA DO DESEMPENHO

O desenvolvimento de uma cadeia de valor depende da análise dos canais de comercialização e da melhoria do desempenho da gestão e da tomada de decisões. Este capítulo examina os diferentes canais de comercialização, do produtor ao distribuidor e ao consumidor, e o seu impacto nos preços da manteiga de carité. Analisa também a sazonalidade da oferta, os efeitos socioeconómicos através da conta de exploração antes de propor estratégias para melhorar o desempenho das actividades.

SECÇÃO I: CANAIS DE COMERCIALIZAÇÃO DA MANTEIGA DE KARITÉ E IMPACTO NO PREÇO NO CONSUMIDOR

A comercialização da manteiga de carité pode envolver vários agentes económicos, nomeadamente o produtor, o comerciante, o exportador e o consumidor. A categorização dos circuitos depende do número de agentes que os compõem. Estes circuitos têm um impacto sobre o preço no consumidor.

PARÁGRAFO I: CANAIS DE COMERCIALIZAÇÃO

Um canal de comercialização é uma rede que liga os produtores aos consumidores, quer diretamente, quer através de outros agentes económicos.

A- Circuitos diferentes

No caso da comercialização da manteiga de carité pelo grupo Pala, distinguimos quatro tipos de canais. Os agentes económicos envolvidos nestes diferentes circuitos são o produtor (o grupo de "mulheres empreendedoras" Pala), os comerciantes e os consumidores. O quadro seguinte ilustra a percentagem da oferta segundo os diferentes circuitos.

Quadro 5: Fornecimento mensal por canal de comercialização

Comprador	Consumidor (Circuito 1)	Comerciante local (Circuito 2)	Comerciante local (circuito 3)	Comerciante Exportador (Circuito 4)	
Local de troca	No local (Zamadig)	No local (Zamadig)	No mercado semanal de Pala (Badadji)	No mercado semanal de Pala (Badadji)	Total
Fornecimento mensal (em litro)	10	20	65	5	100
Percentagem	10%	20%	65%	5%	100%

Fonte: Inquérito semanal ao mercado de Pala, 2022

• **Circuito 1**

Trata-se de um circuito em que a transação se realiza diretamente entre o produtor e o consumidor.

Ocasionalmente, um particular desloca-se ao local do grupo para comprar manteiga para consumo doméstico. Este tipo de troca é frequentemente efectuado pelas mulheres para a preparação dos seus alimentos. O canal 1 transporta cerca de 10% da oferta.

• **Circuito 2**

Trata-se de um circuito que liga o produtor ao comerciante.

Producer ⟶ Merchant

É aqui que o comerciante se desloca ao local de produção para se abastecer. Este canal é muito utilizado pelos comerciantes que têm o privilégio de se encontrarem facilmente com o produtor. O canal 2 transporta cerca de 20% da oferta.

• **Circuito 3**

Produtor ⟶ Retalhista ⟶ Consumidor

O canal 3 inclui o produtor, o comerciante e o consumidor.

Neste circuito, os comerciantes, que são negociantes, abastecem-se junto do produtor que tem manteiga no mercado semanal.

Em seguida, vendem aos consumidores noutros locais, ou por vezes no mesmo mercado. O canal 3 transporta cerca de 65% da oferta.

• **Circuito 4**

Ao contrário do canal 3, o canal 4 substitui os consumidores pelos exportadores, que compram os produtos aos comerciantes no mercado.

Produtor ⟶ Comerciante ⟶
Exportador

Neste circuito, em vez de o comerciante entregar os seus produtos diretamente ao consumidor, entrega-os ao exportador estrangeiro. É o exportador que revende os produtos fora do país, nomeadamente na Nigéria. O canal 4 transporta 5% da oferta. É de notar que o circuito 3 assegura a maior parte da oferta (65%). Esta é uma caraterística típica dos mercados alimentares no Chade, particularmente em Mayo-Kebbi West. A presença de intermediários é muito notória nestes mercados e, consequentemente, contribui para o aumento do preço ao comprador. A figura seguinte ilustra os diferentes circuitos envolvidos.

Figura 3: Canais de distribuição de manteiga de karité para os produtores de Pala

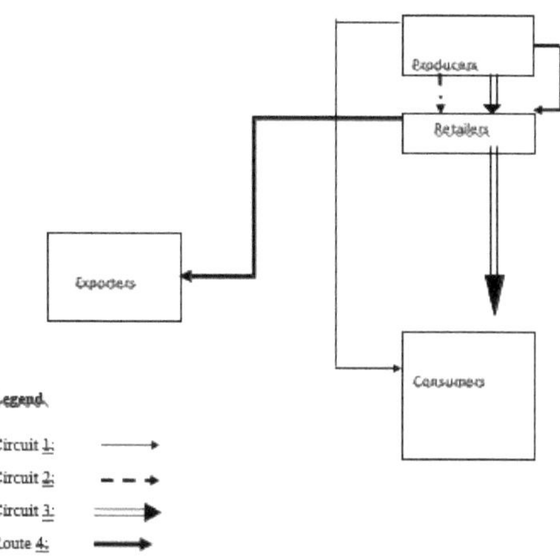

Fonte: Inquérito ao mercado da manteiga de karité junto dos produtores de Pala, 2022

B- Impacto do canal no preço ao consumidor

O preço ao consumidor varia de um canal para outro. Esta variação deve-se aos custos de comercialização. O quadro seguinte ilustra este ponto.

Quadro 6: Preço médio de um litro de manteiga de carité (em francos CFA) por canal

Circuitos	Preços produtor	Número intermediários	Preços no consumidor	Diferencial de preço
1	1 700	0	2 000	300
3	2 750	1	3 500	750

Fonte: Inquérito ao mercado da manteiga de karité dos grupos Pala, 2022

Os preços de produção dos canais 1 e 3 são, respetivamente, de 1 700 e 2 750 FCFA. Os preços no consumidor para estes mesmos circuitos 1 e 3 são de 2 000 e 3 500 FCFA, respetivamente. Através dos diferentes canais, o preço no consumidor é fixado tendo em conta os custos de comercialização. O comerciante incorre em custos de comercialização, razão pela qual o diferencial de preço do canal 3 é superior ao do canal 1. O canal 1, pelo contrário, apresenta um diferencial de preço baixo (300 FCA). Além disso, o consumidor não aparece nos circuitos 2 e 4, razão pela qual não foram aqui discutidos.

PONTO II: SAZONALIDADE DOS FORNECIMENTOS E CONTA DE EXPLORAÇÃO

A- Sazonalidade da oferta

A oferta de manteiga de carité no mercado de Pala é variável de uma época para outra. O quadro seguinte apresenta as estatísticas de abastecimento para o período de 2022-2023.

Quadro 7: Estatísticas da oferta para o período de 2022-2023

Sazonalidade trimestral	abril-junho de 2022	julho-Set. 2022	outubro-dezembro de 2022	janeiro-março 2023	Total
Produção (em litros)	875	945	910	770	100
Percentagem	25%	27%	26%	22%	100%

Fonte: Inquérito ao mercado da manteiga de karité junto dos produtores de Pala, 2023

Este quadro mostra que as diferenças entre estes diferentes trimestres não são significativas. No entanto, podemos distinguir três períodos de oferta no ano: o período de recuperação (abril-junho); o período de abundância (julho-setembro) e o período de escassez (outubro-dezembro e janeiro-março). Estes períodos são ilustrados no gráfico seguinte.

Figura 4: Sazonalidade da oferta

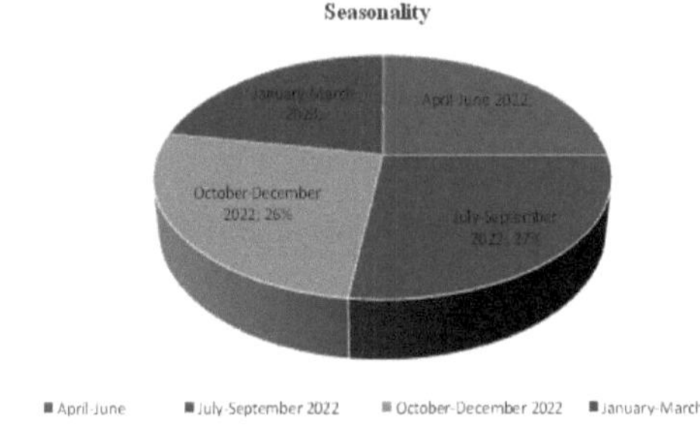

Fonte: Do quadro 7 (abaixo)

- **Período de abundância**

O período de abundância vai de julho a setembro. Este é o período em que a árvore de carité produz frutos suficientes. Isto significa que podem ser colhidas nozes de carité suficientes para serem transformadas.

A figura abaixo mostra as percentagens das quantidades vendidas através de vários canais durante o período de abundância.

Figura 5: Percentagens das quantidades vendidas pelos diferentes circuitos durante o período de abundância.

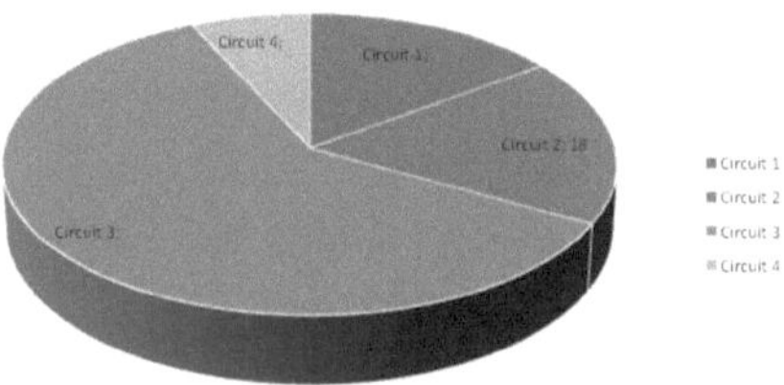

Fonte: Do Quadro 7 (abaixo)

- **Período de raridade**

O período de escassez é aquele em que a oferta de manteiga no mercado é muito limitada. Corresponde aos meses de outubro a fevereiro e agosto. A atividade de transformação baseia-se unicamente nas nozes armazenadas durante o período de recolha. Este facto faz disparar o preço dos PFNL e, consequentemente, o preço da manteiga de carité em Pala. A figura abaixo mostra as quantidades vendidas durante o período de escassez através de vários canais.

Figura 6: Percentagens de quantidades vendidas através de vários canais durante o período de escassez

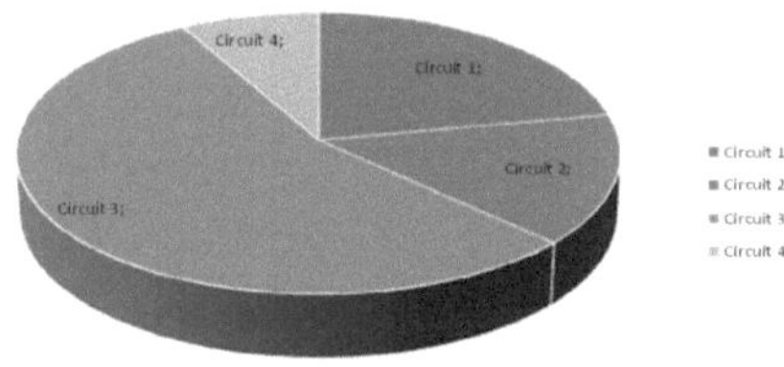

Fonte: Do Quadro 7 (abaixo)

- **Período de recuperação**

O período de recuperação é o período durante o qual a quantidade de manteiga de carité no mercado aumenta gradualmente até atingir o período de abundância. Abrange os meses de abril, maio e junho. A figura seguinte ilustra as quantidades vendidas por canal durante este período.

O período de recuperação é quando as chuvas começam a cair nas zonas de produção. Isto permite que as plantas floresçam.

Figura 7: Percentagens das quantidades vendidas em vários circuitos durante o período de retoma

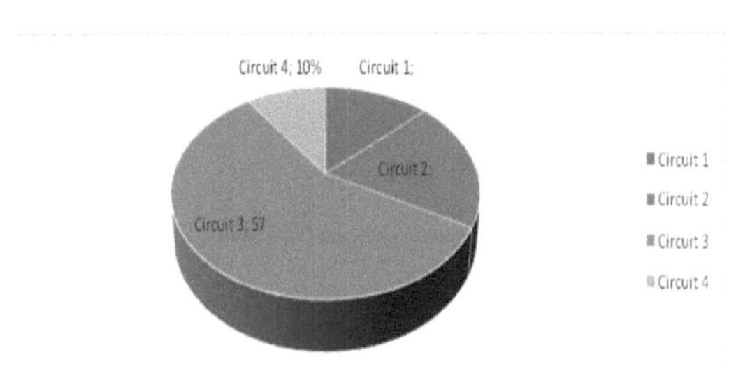

Fonte: Do Quadro 7 (abaixo)

Os diferentes períodos de abastecimento acima analisados não são irreversíveis: um período de escassez pode ser invertido por um fenómeno natural, como a precipitação numa zona de abastecimento. Por outro lado, uma crise social pode inverter um período de abundância. Cada um dos períodos acima referidos proporciona rendimentos ao promotor, de acordo com uma conta de exploração adequada.

B- Estatísticas da digressão por sazonalidade

Quadro 8: Estatísticas dos circuitos por sazonalidade

Período	Circuito 1	Circuito 2	Circuito 3	Circuito 4	Total
Abondância	15%	18%	60%	7%	100%
Raridade	22%	15%	55%	8%	100%
Aquisição	13%	20%	57%	10%	100%

Fonte: Inquérito ao mercado da manteiga de karité junto dos produtores de Pala, 2023

Este quadro mostra que o canal 3, no qual o comerciante é o intermediário entre o produtor e o consumidor, é dominante em todas as épocas.

SECÇÃO II: ESTRATÉGIA DE MELHORIA DO DESEMPENHO PARÁGRAFO I: CONTA DE EXPLORAÇÃO E IMPACTO SOCIOECONÓMICO

A- Conta de exploração

Uma conta de exploração é o quadro que resume as despesas ou custos (o que se gasta) e os rendimentos ou receitas (o que se recebe após a venda). É utilizada para calcular o resultado, que é a diferença entre as receitas e as despesas. É também utilizado para avaliar a rentabilidade, que é o rácio entre o lucro e o custo ou a venda. O quadro seguinte apresenta a conta de ganhos e perdas para 100 kg de nozes de carité vendidas pelo grupo de comercialização "mulheres empresárias".

Conta de exploração de 100 kg de nozes de carité

Despesas					Produtos				
Designação	Unidade	Quantidade	P. U	P. T	Designação	Unidade	Quantidade	P. U	P. T
Comprar um saco de	Unidade	1	2	2	Venda de	Litro	35	2	70
Nozes de			000	000	Manteiga de			000	000
100Kg					carité				
Comprar lata	Unidade	10	100	1					
Água a partir de 20				000					
litros									
Comprar	Unidade	35	50	1					
embalagem				750					
(contentor de									
1litro)									
Amortização	Unidade	1	26	26					
nt e Despesas			330	330					
activos fixos14									
Principal	Unidade	3	2	6					
d'Œuvre			000	000					
diário									
3 pessoas.									
Lucro	32 960								
Total	70 000				Total	70 000			

Rendibilidade comercial: Margem de lucro/Vendas totais= 0,47, ou seja, 47%.

Rentabilidade económica: Margem de lucro/custo total= 0,89, ou seja, 89%.

- Custo total: 37.080 francos CFA;
- Margem de lucro do grupo por capital investido: 0,88, ou seja, 88%.
- Margem de lucro por dia de trabalho do grupo: 32.920 francos CFA.

Por 100 kg de nozes de carité transformadas em manteiga, o produtor (grupo) gera uma margem de lucro de 32.920 francos CFA contra 37.080 francos CFA investidos. Isto significa que ele ganha 0,88 francos CFA por 1 franco CFA investido por dia de trabalho. Por outras palavras, por cada 100 francos CFA gastos, ganha 88 francos CFA por dia de trabalho. Estes números confirmam a hipótese de que a atividade de transformação da castanha de carité em manteiga é rentável.

B- Impacto socioeconómico

No que diz respeito aos rendimentos obtidos com o microprojecto, criado para ajudar as mulheres do grupo a obterem um rendimento, verifica-se que algumas delas viram os seus rendimentos aumentar, especialmente as que participaram ativamente na produção de produtos acabados.

Num contexto de pobreza generalizada, que obriga os maridos a passarem longos períodos longe das suas famílias na esperança de encontrarem uma vida melhor noutro lugar, o rendimento das mulheres pode desempenhar uma série de papéis.

Em primeiro lugar, no que diz respeito à assunção da responsabilidade por certas despesas que, de outro modo, poderiam ser da responsabilidade exclusiva do homem. A contribuição das mulheres facilita a vida, nomeadamente no que se refere a assegurar a cobertura de situações de emergência no seio da família. Elas poderão satisfazer as necessidades alimentares do agregado familiar sem ter de esperar pela contribuição do marido. Contribuem igualmente para o pagamento das propinas escolares ou para a saúde dos filhos.

Os ganhos de que dispõem contribuíram certamente para as tornar mais confiantes e seguras de si. Podemos observar uma espécie de regressão na dominação dos maridos sobre as mulheres, devido ao seu novo estatuto de provedores económicos.

O facto de as mulheres terem um rendimento tem um impacto na melhoria do seu estatuto e das suas condições de vida. Isto resulta numa relação de poder menos desequilibrada com os seus maridos. As mulheres do grupo "mulheres empresárias" reconheceram que os homens e a sociedade olham cada vez mais para elas, assim que são capazes de assumir certas responsabilidades. Mas é evidente que, mesmo com uma relativa autonomia económica, o peso do trabalho doméstico das mulheres permanece intacto.

PONTO II: INSTRUMENTOS DE MARKETING E ESTRATÉGIAS PROPOSTAS

A- Ferramentas de marketing

De acordo com Porter[15] , os empresários utilizam geralmente determinados instrumentos, como o produto, o preço, o ponto de venda e a promoção, nas suas estratégias para melhorar o desempenho da sua atividade. Esta estratégia é conhecida como a "política dos 4 Ps".

- **Produto**

Trata-se de selecionar os produtos e apresentar a sua qualidade aos clientes.

- **Preços**

Definir o preço do produto, tendo em conta todos os elementos que compõem o preço, como os custos de produção, transformação e comercialização.

- **Local de venda**

É necessário conhecer o local de venda e a dimensão do mercado para aumentar ainda mais as suas vendas.

- **Promoção**

Promover significa dar a conhecer os seus produtos aos clientes, de modo a incitá-los a comprar.

Estratégia comercial

De acordo com Marine Lalique[16] , a definição de uma estratégia comercial refere-se à adaptação dos bens e/ou serviços a produzir para satisfazer as necessidades dos clientes identificados. Por outras palavras, trata-se das decisões a tomar para atingir os objectivos de venda.

O conhecimento do mercado, da clientela e da concorrência, obtido através dos estudos de mercado, permite definir uma estratégia de vendas.
O objetivo é oferecer um produto que satisfaça os clientes e vender o suficiente para obter lucro. É uma etapa delicada que exige reflexão, lógica e criatividade, porque é preciso fazer escolhas sobre :

- O produto (imagem ou desenho): definição das características do produto e da melhor forma de satisfazer as necessidades (funcionalidade, embalagem, qualidade, etc.);
- Clientela: clientela-alvo e gama de produtos (topo de gama, mercado de massas, etc.);
- Distribuição: escolha do canal e dos espaços de distribuição (local de venda, venda direta ou através de intermediários, rede de vendas, etc.). A distribuição pode ser efectuada através de canais comerciais tradicionais, mas também através de canais mais informais, locais ou ligados a redes internacionais de solidariedade;
- Comunicação: acções a empreender para divulgar e informar os consumidores sobre as qualidades e os benefícios do produto (publicidade, promoção, patrocínio, etc.).

B- Propostas de estratégias a adotar

As estratégias para melhorar o desempenho das AGI com vista à sua sustentabilidade passam necessariamente pela análise dos problemas e das suas causas. No entanto, devem ser pertinentes, coerentes, eficazes, viáveis e produzir resultados sustentáveis. A síntese é apresentada no quadro seguinte.

Resumo das estratégias para melhorar o desempenho de uma IGA

Problemas	Causas	Estratégias a adotar
Informação limitada para satisfazer as necessidades do mercado	Discrição por parte dos operadores, na sua maioria mulheres, em matéria de informação e comunicação	Promover a cultura dos agricultores através da organização de festivais como danças, tiro com arco, corridas de cavalos, etc.
Envolvimento limitado dos operadores no processo de venda	Influenciar os principais intermediários de	Profissionalizar os intermediários no âmbito de um quadro formal
As mulheres agricultoras não são tidas em conta no comércio	Prestígio, agricultura de subsistência: produtos para consumo familiar, ...	Sensibilizar continuamente as mulheres agricultoras para o fundo de campanha, a fim de as convencer das vantagens das trocas
Muitos projectos, mas menos eficiência	Inadequação dos objectivos do projeto e da política de decisão	Envolver os operadores em todas as fases do ciclo do projeto, desde a conceção até à conclusão, em conferências de peritos, etc.
O FR cobre suficientemente as RUP não	A sazonalidade aumentou acentuadamente	Aumentar o associativismo a fundos

As actividades de comercialização da manteiga de carité funcionam através de quatro (4) canais principais. Destes, o canal (3), que liga três (3) agentes económicos, nomeadamente o produtor, o comerciante e o consumidor, é responsável pela maior parte da oferta (65%). O preço ao consumidor neste canal é o mais elevado (3.500 FCFA/L) em comparação com os outros canais, o que se explica pela existência de intermediários. No entanto, o período de oferta abundante contribui para a descida do preço. O IGA criou vários postos de trabalho e a sua conta de exploração apresenta uma margem de lucro substancial (32 950 FCFA/dia útil). Este facto contribui para melhorar as condições de vida dos membros do grupo.

CONCLUSÃO GERAL

No final da nossa investigação sobre o grupo de "mulheres empreendedoras", através do seu microprojecto (ou AGI) de transformação da castanha de carité em manteiga, surgiram os seguintes pontos:

- O desenvolvimento do microprojecto começa com a identificação e a justificação dos problemas, passando pela definição dos objectivos, dos resultados esperados, das actividades e do calendário, até à orçamentação dos custos.
- As capacidades técnicas dos membros do grupo são reforçadas através de formação contínua (50 mulheres).
- A variação do preço da manteiga depende do canal de comercialização e da sazonalidade da oferta (o preço varia entre 2.000 e 3.500 FCFA).
- A atividade de transformação das nozes de carité em manteiga é rentável (88%).
- O resultado operacional do grupo (para 100 kg de nozes de carité) é positivo (32.760 FCFA).
- O grupo paga aos seus membros, especialmente àqueles que participam ativamente no trabalho de produção (11 mulheres e 3 jovens).
- O grupo contribui para o custo da escolaridade (15 crianças).

No entanto, existem vários problemas de gestão e de organização. Faltam documentos que resumam as actividades, a contabilidade financeira não é mantida, a depreciação dos bens duradouros não é tida em conta no cálculo dos lucros, o trabalho familiar não é valorizado em termos monetários e não existem procedimentos para a partilha dos lucros, bem como a contribuição para cobrir eventuais perdas de exploração, o controlo de gestão e o relatório de actividades. Existe também uma confusão entre volume de negócios, lucro e rendibilidade; entre os resultados do IGA e as quotizações dos membros; e uma subestimação do tempo de preparação necessário para a produção. De tudo o que foi dito, podemos afirmar que 3 das 4 hipóteses (ou seja, 75%) são confirmadas. São elas o impacto do circuito e da sazonalidade da oferta no preço da manteiga, a rentabilidade do microprojecto e o seu impacto na melhoria das condições de vida dos beneficiários. Contudo, a realidade no terreno mostra-nos que as competências do promotor em matéria de gestão do microprojecto são fracas para gerir e manter com êxito a AIG após a partida dos doadores. As estratégias propostas para melhorar o desempenho das AGI, nomeadamente a promoção profissional e sociocultural dos produtores e o reforço das suas capacidades e do seu capital permanente, só podem ser eficazes através de uma política global de consulta e de apropriação que envolva os agricultores em todas as fases do ciclo do projeto, desde a conceção até à sua conclusão. No entanto, há ainda muitos desafios a enfrentar no que respeita às questões ambientais e ao desenvolvimento sustentável. Então, será que a investigação e o desenvolvimento neste domínio ainda são relevantes?

BIBLIOGRAFIA

Dr. TEBANI, 2015. Curso de Gestão de Projectos, Universidade de Hassiba Ben Bouaali-Chlef.

KHANDKER, SHAHIDUR R. Fighting Poverty with Microcredit, - edição Bangladesh, The University Press Ltd, Dhaka, 1999.

BOYE, Sébastien - HAJDENBERG, Jeremy - POURSAT, Christine. Le guide de la microfinance, Eyrolles, 2006.

FOURNIS Y., 1974. Les études de marché : Techniques d'enquête, de questionnaire, de sondage et de contrôle des résultats Marketing, 2nd edition- Bordas, Paris

MARINE L., Comment mettre en œuvre une activité génératrice de revenus dans le cadre d'un microprojet, édition-GER, 2016

Dr. MALO D., 1999. Curso de microeconomia, Universidade de Bangui.

Pr MBETID-BESSANE E., 2004. Econometria Rural Versão I, Universidade de Bangui.

MOURLHON M. e POULTEAU S., 1997. Management et Gestion commerciale 1ère et 2ème année. BTS force de vente, publicado por Hachette-Livre, Paris, março de 1997.

PETEL Y, 2019. Formação do preço do cofre no mercado de Pk 13, Bangui, Projeto RECONNECT da EUE, "Manuel des procédures pour la mise en place du système de suivi-evaluation", 2018

Projeto RECONNECT, "Estratégia de comunicação 2020-2023", fevereiro de 2020

Projeto RECONNECT, "Guia de animação e de apoio para a promoção de melhores práticas agrícolas", agosto de 2019

Projeto RECONNECT, "Relatório do estudo para a implementação do quadro de vias de Resiliência e Adaptação e Avaliação da Transformação (RAPTA)", outubro de 2019

FAO, "Manuel du technicien, Gestion participative des ressources naturelles : démarches et outils de mise en œuvre", 2004

GTZ, "Auto promoção na gestão dos recursos naturais. Rapport de l'atelier de réflexion et de concertation tenu à Natitingou", 26-28 de maio de 1999.

Agence Micro Projet "Conceção e criação de um microprojecto de solidariedade internacional" Paris, janeiro de 2016

HAMADOU M et YAYE M, 1994, Analyse des méthodes et outils d'intervention des projets en milieu rural WEBOGRAPHIE

www.agencemicroprojets.org

http://www.interaide.org/pratiques/

https://fr.wikipedia.org/wiki/Beurre_de_karité

APÊNDICE

ANEXO 1: QUESTIONÁRIOS PARA OS PROMOTORES DE MICROPROJECTOS PROJECTOS

Nome completo:
Título: Contacto:

Objectivos e intervenientes

O que é o Projeto RECONNECT? Quais são os objectivos do projeto?
Quais são os componentes do projeto? Pode descrever as tarefas de cada componente?

Participação no projeto

Como é que a participação do público foi tida em conta nas fases seguintes do projeto RECONNECT?

Preparação da identificação
Avaliação ex ante Execução
Que dificuldades encontrou durante estas etapas?

Desenvolvimento de microprojectos

Quais são as etapas da preparação de um microprojecto? Quais são as condições necessárias para beneficiar de um microprojecto baseado em recursos naturais, em particular a transformação de nozes de carité em manteiga?

Reforço das capacidades dos promotores

Quais são os temas de formação e o público-alvo?
Que técnicas utiliza para permitir aos promotores acompanhar e avaliar os microprojectos?

Acompanhamento de microprojectos

Como são controlados os microprojectos do tipo IGA?

Os microprojectos são acompanhados pelos serviços técnicos? Em caso afirmativo, como?

Responsabilizar os promotores

Que medidas foram adoptadas para permitir que os promotores continuem a exercer a sua atividade?

Dificuldades encontradas e sugestões

Que dificuldades encontrou? E que sugestões têm? Obrigado pela vossa ajuda!

ANEXO 2: QUESTIONÁRIO PARA OS PROMOTORES DE MICROPROJECTOS

Nome completo:
Título:
Contacto :
Como teve conhecimento do Projeto RECONNECT? O que o motivou a criar o seu microprojecto? Qual é o custo total do seu microprojecto? Quanto é que contribuiu? O que pensa deste montante?
Já está a trabalhar no sector antes de poder beneficiar do financiamento RECONNECT?

É membro de um grupo?

Qual é a sua opinião sobre a coesão no seio do grupo?
Com base na sua experiência, está preparado para convidar outras pessoas a criarem microprojectos?

? Justificar
Já beneficiou da formação RECONNECT?
Está satisfeito com a formação que recebeu?
Teria gostado de outros temas?
O seu microprojecto permite-lhe satisfazer as suas necessidades? Em caso afirmativo, quais?
Está satisfeito com os procedimentos da RECONNECT em termos de :
-Seleção de microprojectos ?
Financiamento de microprojectos?
Como é que consegue controlar a sua atividade?
Está a sentir dificuldades na execução do seu microprojecto? Tem alguma sugestão para resolver essas dificuldades?

Questionário específico para o promotor do microprojecto de transformação de nozes de carité em manteiga

O que o motivou a criar a sua IGA?
Porque é que o criou em Pala e não noutro local?
Quais são as suas competências técnicas para transformar as nozes de carité em manteiga?

Esta atividade é rentável?
Em caso afirmativo, quanto espera ganhar no final de um ciclo de exploração e depois por mês? Quais são as suas perspectivas de desenvolvimento a curto prazo?
A sua AIG será capaz de se desenvolver rapidamente?

Obrigado pela vossa colaboração

Tabela de equipamento e despesas sustentáveis para o grupo de mulheres empresárias

Designação	Unidade	Quantidade	Custo unitário	custo total	Vida útil	Amortização ou carga/ano	custo real	ciclo	Amortização/ciclo
			1 300						
Custos das instalações	Unidade	1	000		20	65000,00	65 000		
Suporte multifunções	Unidade	1	70 000		10	7000,00	7 000		
Carrinho de mão	Unidade	1	35 000		10	3500,00	3 500		
Selo de plástico	Unidade	1	2 000		3	666,67	667		
Funil	Unidade	1	500		3	166,67	167		
Panela	Unidade	1	6 500		3	2166,67	2 167		
Par de gangs	Unidade	3	3 000		3	1000,00	1 000		
							79 500	3	26 500

Fonte: Com base em inquéritos aos produtores de manteiga de carité

Este quadro mostra o cálculo da depreciação do equipamento ou dos custos duradouros na produção de manteiga a partir de 100 kg de nozes de carité.

APÊNDICE 3: FICHA SIMPLIFICADA PARA A CRIAÇÃO DE MICROPROJECTOS/RECONNECT

Restauração de corredores ecológicos no oeste de Mayo-Kebbi, no Chade, em apoio a múltiplos benefícios fundiários e florestais (projeto RECONNECT)

	Data :
Número de referência (esta parte é reservada ao júri)	Título do microprojecto :
Província Departamento Município / Aldeia	
Nome e estatuto jurídico do promotor (PO, GIE, ACD, ILOD ...) :	
Endereço do promotor (local de ação):	
N° (Parte reservada exclusivamente ao júri) :	
Experiência do programador:	
Membro de uma associação profissional: (em caso afirmativo, qual(is) (s) (sindicato, federação, plataforma, etc.)	
Breve descrição do microprojecto: Localização do microprojecto: Justificação: Objectivos : Global: Específico: ... Sector-alvo ou tipo de IGA: Actividades de microprojectos: Resultados esperados: Estrutura de gestão do microprojecto: Custo estimado do microprojecto (incluindo a contribuição do beneficiário em dinheiro e em espécie): Custo total do projeto em francos CFA: Contribuição do requerente em francos CFA: Subvenção solicitada em francos CFA: Período de execução em meses: Data de início solicitada em DD/MM/AA:	
Parcerias previstas pelo microprojecto:	

O(a) abaixo assinado(a), Sr.(a), certifica por sua honra que as informações supra são exactas.

NB: Todos os pedidos devem ser apresentados às prefeituras das capitais de departamento. O projeto não receberá candidaturas. Para mais informações ou orientações, contactar.

O promotor

(Nome completo, data e assinatura)

APÊNDICE 4: FORMULÁRIO DE PEDIDO DE FINANCIAMENTO PARA MICROPROJECTOS/RECONEXÕES

Data: //

Nome do promotor: //
Endereço completo: //

A RECONNECT Coordenador de Pala
Objeto: Pedido de financiamento
Sr. Coordenador,

Temos a honra de solicitar um financiamento para a realização do microprojecto (indicar o título do microprojecto)
Cujo custo está estimado em CFAF
(Indicar o montante total, incluindo equipamento ou infra-estruturas, custos de funcionamento e outros custos recorrentes, etc.).
Como parte da nossa contribuição, comprometemo-nos a disponibilizar, a partir dos nossos fundos próprios[17] , o montante de (indicar o montante da contribuição financeira do promotor) : Para a execução do presente microprojecto.

Este montante será depositado na conta número (indicar o número da conta): em (indicar o nome e o endereço da instituição)

Está disponível uma contribuição efectiva em espécie sob a forma de obras, serviços, etc., num valor estimado de FCFA, comprovada pelo formulário certificado em anexo.
Esta contribuição, fruto do nosso próprio esforço, representa 0,5% do custo total do nosso microprojecto.

O promotor do projeto (nome e assinatura)

ÍNDICE DE CONTEÚDOS

Printed by Books on Demand GmbH, Norderstedt / Germany